全国职业技术院校模具制造/模具设计专业

模具钳工工艺学(第二版)习题册

中国劳动社会保障出版社

简介

本习题册是全国职业技术院校模具制造/模具设计专业教材《模具钳工工艺学（第二版）》的配套用书。本习题册紧扣教学要求，按照教材章节顺序编排，知识点分布均衡，题型丰富多样，难易配置适当，有助于学生复习巩固所学知识。

本习题册由赵孔祥主编，王鹏飞、边芳、王珂、刘道吉参加编写。

图书在版编目(CIP)数据

模具钳工工艺学（第二版）习题册/赵孔祥主编. —北京：中国劳动社会保障出版社，2016

全国职业技术院校模具制造/模具设计专业

ISBN 978-7-5167-2784-3

Ⅰ.①模… Ⅱ.①赵… Ⅲ.①模具-钳工-工艺学-职业教育-习题集 Ⅳ.①TG76-44

中国版本图书馆 CIP 数据核字(2016)第 233031 号

中国劳动社会保障出版社出版发行

（北京市惠新东街 1 号　邮政编码：100029）

*

北京市科星印刷有限责任公司印刷装订　新华书店经销

787 毫米 ×1092 毫米　16 开本　6 印张　142 千字

2016 年 9 月第 1 版　2023 年 12 月第 6 次印刷

定价：11.00 元

营销中心电话：400-606-6496

出版社网址：http://www.class.com.cn

http://jg.class.com.cn

目　录

绪　论

一、填空题（将正确答案填写在横线上）

1. 模具是工业生产的基础工艺装备，应用范围十分广泛，被称为“____________”。它在很大程度上决定着产品的________、________和新产品的开发能力，是衡量一个国家科技与产品制造水平的重要标志。

2. 模具制造的生产过程和其他工业产品的生产过程一样，都是指由______________开始，经过加工转变为_________的过程。

3. 模具钳工是以手工操作为主，主要从事________生产的一个工种。其工作任务是：使用各种工、量、刃具及辅助设备，对模具进行________、__________、______________等，以保证模具正常使用。

4. 目前，《中华人民共和国职业分类大典（2015 年版）》将钳工划分为___________、_____________、___________三类，共设五个等级，分别为初级（国家职业资格五级）、________（国家职业资格四级）、________（国家职业资格三级）、________（国家职业资格二级）、高级技师（国家职业资格一级）。

5. 复杂、大型模具装配调试前，在制定工艺方案的同时，必须制定相应的_________措施。

6. 使用电动工具前，应检查_________________，同时应戴___________________并穿_________。使用手持照明灯时，电压必须低于________。

7. “6S”管理由日本企业的“5S”管理扩展而来，是指在生产现场中对___________、___________、材料、方法等生产要素进行有效的管理。

8. 作为从事模具制造的专业人员，应具有强烈的责任感和使命感，要不断地学习___________、__________、__________和新设备知识。

二、判断题（正确的打“√”，错误的打“×”）

1. 模具钳工不但要掌握模具的装配与调试、安装与修理等相关知识和技能，还应具备熟练的钳工基本操作技能。（　）

2. 使用电动工具应注意其要求的额定电压值和绝缘性能。（　）

3. 高空作业时，为提高工作效率，对较小的工具或零件可上下投递。（　）

4. 模具安装调试或修理时，如需要多人操作，必须有专人指挥，密切配合。（　）

5. 模具钳工工艺学与其他相关课程联系密切，是许多知识的综合运用。（　）

三、简答题

1. 模具制造有什么生产特点？

2. 影响模具精度的主要因素有哪些？

3. 模具钳工的工作任务是什么？

4．模具钳工应掌握哪些知识和技能？

5．对模具钳工的工作场地有哪些要求？

6．模具钳工应遵守哪些安全文明生产知识？

7. 简述“6S”管理的基本内容。

8. 企业实行“6S”管理的目的是什么？

第一章　模具钳工常用测量器具

第一节　长度测量器具

一、填空题（将正确答案填写在横线上）

1. 根据《几何量测量器具术语　产品术语》（GB/T 17164—2008）、测量器具的用途和特点，测量器具分为________测量器具、________测量器具、________测量器具、________测量器具、________测量器具、________测量器具和其他测量器具七大类。

2. 长度测量器具包括________类、________类、________类和指示表类等。

3. 塞规是一种________测量器具，它不能读出被测零件的________，但是能判断被测零件的尺寸是否________。

4. 当用塞规检验工件时，如果________能通过，________不能通过，这就说明这个零件尺寸是合格的。

5. 塞尺是指具有准确厚度尺寸的单片或成组的薄片，用于检验________的实物量具。

6. 游标卡尺具有结构________、使用方便、精度________及测量的尺寸范围____等特点，可用来测量零件的外径、内径、长度、宽度、厚度、深度和孔距等，是一种应用较为广泛的常用量具。

7. 游标卡尺按其结构和用途的不同，除普通游标卡尺外，还有________游标卡尺、________游标卡尺、________游标卡尺和________游标卡尺等。

8. 分度值是测量器具所能直接读出示值的最小单位量值，它反映了该测量器具的________高低。对于数显测量器具则用________来表示。

9. 读取游标卡尺上的示值时，一般分三步，即________________、________________、________________。

10. 外径千分尺是一种较________量具，用来测量加工精度要求________的零件。

11. 外径千分尺在固定套管的基准线两侧分别有两排标记，标有数字的一排间距为1 mm，另一排为每毫米标记的中分线，即上、下两相邻标记的间距为________mm；在微分筒圆锥面的圆周上有________个等分标记。由于外径千分尺测微螺杆的螺距为________mm，因此，微分筒旋转1/50周时（转过1格），测微螺杆移动的轴向距离为________mm。

12. 千分尺的测量面应保持干净，使用前应________________。不能用千分尺测量________或________的工件。

二、判断题（正确的打“√”，错误的打“×”）

1. 不能用游标卡尺测量铸、锻件毛坯尺寸，但可以用游标卡尺测量精度要求很高的

工件。 (　　)

2. 圆柱直径具有被检孔径下极限尺寸的为孔用止规。 (　　)

3. 使用塞尺时可用一片或数片重叠插入间隙，以稍感拖滞为宜。 (　　)

4. 塞尺允许测量温度较高的零件，但测量时动作要轻，不允许硬插。 (　　)

5. 读取示值时，游标卡尺置于水平位置，视线垂直于标尺标记表面，避免视线歪斜造成视差。 (　　)

6. 微视差游标卡尺是将主标尺标记表面与游标尺标记表面制作在同一平面内，以便减小制造误差。 (　　)

三、选择题（将正确答案的代号填入括号内）

1. 测量范围为 0 ~ 150 mm、分度值为 0.02 mm 的游标卡尺，其外测量的最大允许误差为（　　）mm。

A. 0.02　　B. ±0.02　　C. ±0.03

2. 图 1—1 所示的读数为（　　）mm。

A. 6.26　　B. 60.26　　C. 62.6

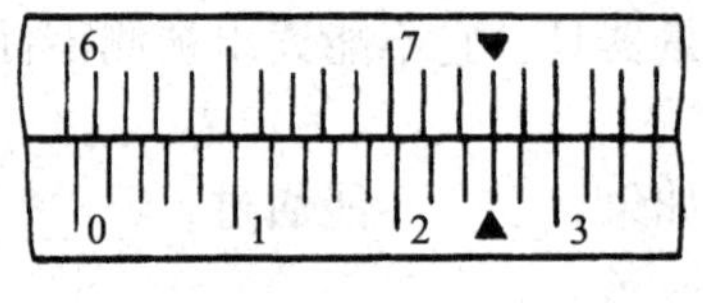

图 1—1

3. 图 1—2 所示的读数为（　　）mm。

A. 36.01　　B. 35.01　　C. 36.19

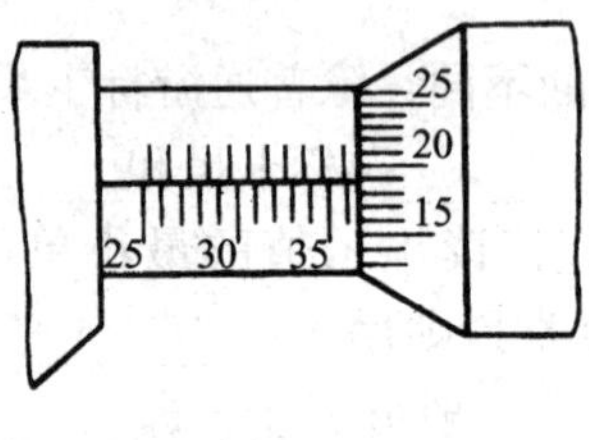

图 1—2

4. 图 1—3 所示的读数为（　　）mm。

A. 7.25　　B. 6.25　　C. 6.75

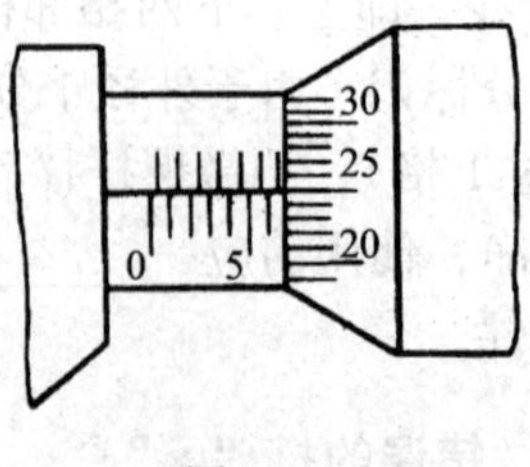

图 1—3

5. 数显卡尺用分辨力来代替分度值，一般为（　　）mm。

A. 0.001　　B. 0.01　　C. 0.02

6. 数显外径千分尺的分辨力一般高于或等于（　　）mm。

A. 0.001　　B. 0.01　　C. 0.02

四、名词解释

1. 标尺间距

2. 测量范围

3. 分度值

4. 最大允许误差（允许误差极限）

五、简答题

1. 使用塞尺时应注意哪些事项？

2. 叙述分度值为 0.02 mm 的游标卡尺的标记原理。

3．使用游标卡尺时应注意哪些事项？

4．简述外径千分尺的示值读取方法。

5．使用外径千分尺时应注意哪些事项？

六、计算题

1. 如图1—4所示，用游标卡尺测得 $M=80.04$ mm，卡尺每个量爪宽度 $t=5$ mm，两孔直径分别是 $D=20.04$ mm，$d=14.96$ mm，求两孔中心距 L。

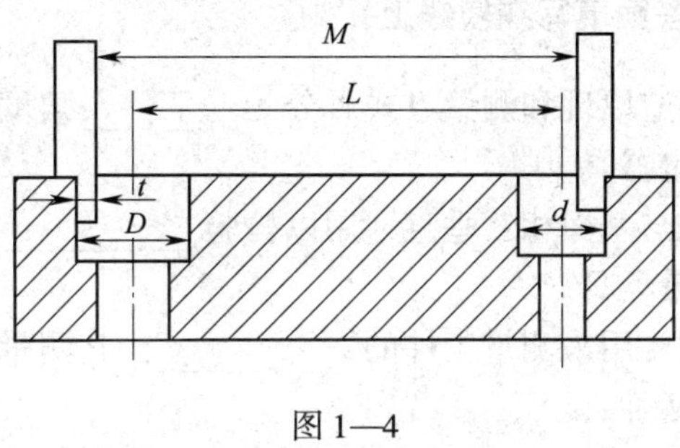

图1—4

2. 如图1—5所示，用游标卡尺测量导轨的宽度，测得 $Y=100.05$ mm，已知两圆柱直径 $d=12$ mm，$\alpha=60°$，求 B 的尺寸。

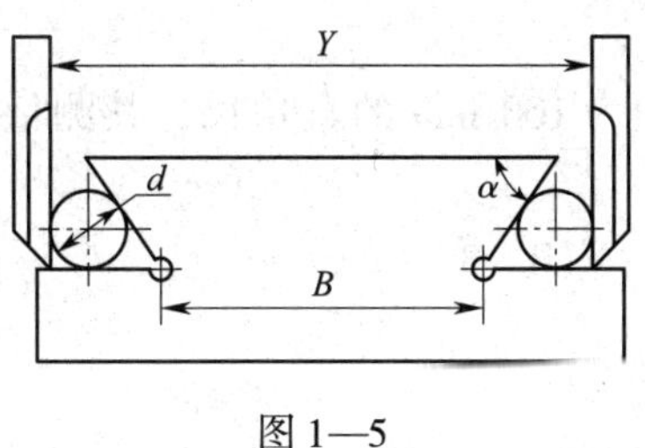

图1—5

第二节 角度测量器具

一、填空题（将正确答案填写在横线上）

1. 角度测量器具按制造原理和测量方式可分为________角度测量器具、________角度测量器具和光学类角度测量器具。

2. 直角尺是指测量面与基面相互垂直，用以检验________________、______________和____________误差的测量器具。

3. 游标万能角度尺主要用来测量工件的__________，其测量范围为__________，分度值有________和________两种。

4. 分度值为2′的游标万能角度尺主标尺每格标记的弧长对应的角度为________，游标尺标记是将主标尺上29°所占的弧长等分为________格，每格所对的角度为29°/30，因此游标尺1格与主标尺1格相差________。

二、选择题（将正确答案的代号填入括号内）

1. 使用游标万能角度尺时，可通过主尺与直角尺和直尺的组合形式不同，将测量范围（0°～320°）划分为（　　）个测量段。

A. 3　　B. 4　　C. 5

2. 直角尺的精度等级分为00级、0级、1级和2级共四个级别，其中（　　）级直角尺主要用于检验量具；（　　）级直角尺一般用于检验较精密零件；（　　）级直角尺用于检验一般精度的零件。

A. 00　　B. 0

C. 1　　D. 2

3. 精度等级为0级，长边为100 mm的直角尺，其测量面相对于基面的垂直度最大允许误差为（　　）μm。

A. 2　　B. 3　　C. 4

三、简答题

1. 直角尺有什么特点？常用的有哪几种？

2．使用直角尺时应注意哪些事项？

3．使用游标万能角度尺时应注意哪些事项？

第三节　形位误差和表面结构质量测量器具

一、填空题（将正确答案填写在横线上）

1．刀口尺主要用来测量工件的________度或平面度误差。

2．刀口尺的精度等级分为________级和________级两个级别。

3．模具钳工最常用的表面结构质量测量器具是____________________。

4．用表面粗糙度比较样块进行比对，只能________，无法得到表面粗糙度的________。因此，要求检验者具有丰富的实践经验。

5．表面粗糙度比较样块一般用于检查表面质量要求__________的工件。

二、判断题（正确的打“√”，错误的打“×”）

1．刀口尺应垂直放在工件表面上，并在纵向、横向、对角方向多处逐一进行测量，其最大直线度误差即为该测量面的平面度误差。（　　）

2．刀口尺在变换测量位置时，为节约时间，可在工件表面上拖动。（　　）

3．表面粗糙度比较样块一般用于检查表面质量要求不严格的工件。（　　）

4．所选用的表面粗糙度比较样块和被检查工件的加工方法必须相同，同时样块的材料、

纹理、表面色泽等应尽可能地与被检查工件一致。（　　）

三、简答题

1．使用刀口尺时应注意哪些事项？

2．简述表面粗糙度比较样块的使用方法。

第二章　模具钳工基本操作

第一节　划　　线

一、填空题（将正确答案填写在横线上）

1．划线分为________划线和________划线。在工件几个互成不同角度（通常是互相垂直）的表面上划线，才能明确表示加工界线的，称为________划线。只需要在工件一个表面上划线后即能明确表示加工界线的，称为________划线。

2．平面划线要选择________个划线基准，立体划线要选择________个划线基准。

3．划线除要求划出的线条________均匀外，最重要的是要保证________。

4．立体划线时，尺寸和形位偏差不大的毛坯可通过划线时的________和______方法来补救。

5．划线基准的类型有____________________________、____________________________和______________________________三种。

6．当工件上有两个以上不加工表面时，应选__________或__________不加工表面作为找正依据，并兼顾其他不加工表面。

7．分度头的主要规格是以__________________到底面的高度（mm）来表示的。

二、判断题（正确的打"√"，错误的打"×"）

1．划线是机械加工的重要工序，广泛地用于成批生产和大量生产。（　　）

2．划线应从划线基准开始。（　　）

3．为使划线清晰，划线前应在铸、锻件毛坯上涂一层划线蓝油，在已加工表面上涂一层石灰水。（　　）

4．利用分度头可在工件上划出水平线、垂直线、倾斜线和圆的等分线或不等分线。（　　）

5．分度头划线时，一般应尽可能选用孔数较少的孔圈，因为孔圈的孔数越少，分度误差越小。（　　）

6．合理选择划线基准，是提高划线质量和效率的关键。（　　）

三、选择题（将正确答案的代号填入括号内）

1．一般划线精度能达到（　　）。

A．0.025～0.05 mm　　B．0.25～0.5 mm　　C．0.25 mm 左右

2．经过划线确定的加工尺寸，在加工过程中可通过（　　）来保证尺寸准确度。

A. 测量　　　　　　B. 划线　　　　　　C. 加工

3. 毛坯上有不加工表面时，按不加工表面找正后划线，可使加工表面与不加工表面之间保持（　　）均匀。

A. 尺寸　　　　　　B. 形状　　　　　　C. 尺寸和形状

4. 分度头的手柄转 1 周时，装夹在主轴上的工件转（　　）周。

A. 1　　　　　　B. 40　　　　　　C. 1/40

四、名词解释

1. 划线

2. 划线基准

3. 设计基准

4. 找正

5. 借料

五、简答题

1. 划线的作用有哪些?

2. 选择划线基准的基本原则是什么？它有哪些好处？

3. 划线前的准备工作有哪些？

4. 划线找正时应注意哪些问题？

5. 简述划线的步骤。

6. 在图 2—1 中标出划线基准。

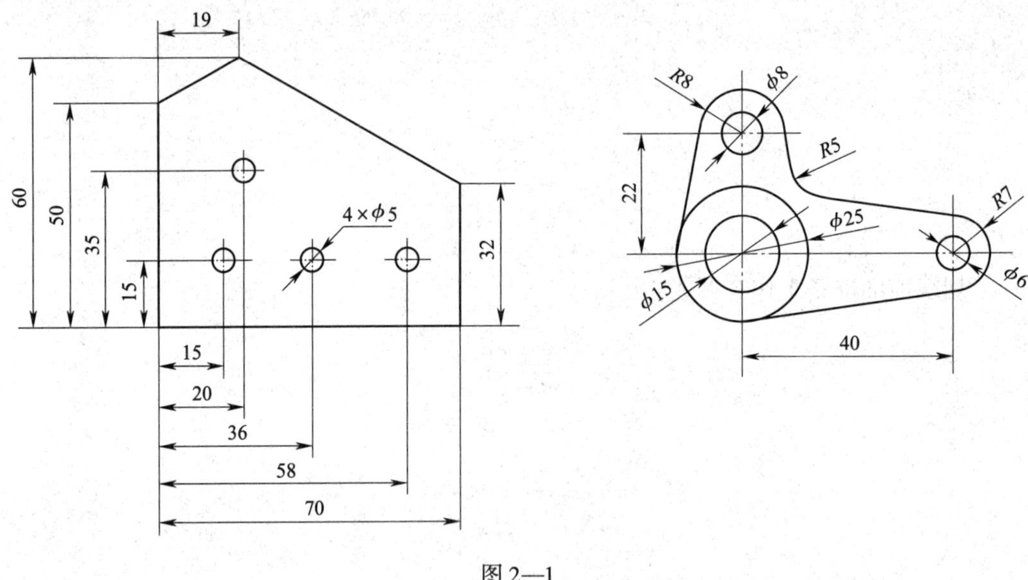

图 2—1

六、计算题

利用分度头在一工件的圆周上划出均匀分布的 15 个孔的中心，每划完一个孔的中心后，手柄应转过几圈再划第二个孔的中心？

第二节　錾　　削

一、填空题（将正确答案填写在横线上）

1. 錾子一般用____________材料锻成，经热处理后切削部分硬度为__________。

2. 錾子由头部、錾身及__________部分组成，头部顶端略带________，以便锤击时作用力容易通过錾子的中心线。

3. 钳工常用的錾子有________、________和________三种。

4. 选择錾子楔角时，在保证足够________的前提下，应尽量取________数值。

5. 錾子________与切削平面的夹角称为后角。后角的大小取决于__________________，其作用是____。

二、判断题（正确的打“√”，错误的打“×”）

1. 錾子的前角、后角和楔角之和为90°。（　　）

2. 扁錾和尖錾均用于錾削沟槽及分割曲线形状的板料。（　　）

3. 为使錾削时省力，应选择较大的錾削前角。（　　）

4. 錾削时后角一般取5°~8°为宜。（　　）

三、选择题（将正确答案的代号填入括号内）

1. 錾削中等硬度的材料时，楔角取（　　）。
   A. 30°~50°　　B. 50°~60°　　C. 60°~70°

2. 锤子用碳素工具钢制成，并经淬硬处理，其规格用锤体的（　　）表示。
   A. 长度　　B. 质量　　C. 体积

3. 錾削时，錾子切入工件表面过深的原因是（　　）太大。
   A. 前角　　B. 楔角　　C. 后角

4. 当錾削距尽头约（　　）mm时，必须掉头錾去余下的部分，以防材料崩裂。
   A. 10　　B. 15　　C. 20

四、简答题

1. 简述錾子楔角、后角、前角的定义及对錾削的影响。

2. 简述錾削时的安全生产要求。

第三节 锯 削

一、填空题（将正确答案填写在横线上）

1. 用手锯对材料或工件进行________或________的加工方法称为锯削。
2. 锯弓用于安装和张紧锯条，有________式和________式两种。
3. 锯条的规格包括________规格和________规格两部分。
4. 锯条的分齿形式有__________和________两种。
5. 锯条按使用的材质分为碳素结构钢锯条、________________、________________、______________和双金属复合钢锯条五种类型。

二、判断题（正确的打"√"，错误的打"×"）

1. 锯削是一种粗加工方式，平面度一般可控制在0.5 mm之内。（　）
2. 锯条（全称为手用钢锯条）的种类较多，按其特性分为全硬型（代号H）和超硬型（代号C）两种类型。（　）
3. 锯条的长度规格用两销孔中心距表示（钳工常用长度为300 mm的锯条）。（　）
4. 锯条反装后，锯削时楔角发生了变化，而后角和前角没有发生变化。（　）

三、选择题（将正确答案的代号填入括号内）

1. 为防止锯条卡住或崩裂，起锯角一般不大于（　）。
   A. 10°　　B. 15°　　C. 20°
2. 锯削软材料或切面较大的工件时，应选用齿距（　）的锯条。
   A. 较大　　B. 较小　　C. 中等
3. 锯削管子或薄板材料时，必须选用齿距（　）的锯条。
   A. 较大　　B. 较小　　C. 中等

四、简答题

1. 什么是锯条的分齿？锯条分齿的目的是什么？

2. 锯条的粗细规格用什么表示？解释 HTA300 ×10.7 ×1.4 的含义。

3. 简述锯削的操作要点。

第四节　锉　　削

一、填空题（将正确答案填写在横线上）

1．锉刀由__________或__________制成，经热处理后切削部分硬度达__________。

2．锉刀按用途不同，可分为______锉、______锉和______锉三类。

3．普通锉刀按其断面形状分为______、______、______、______和______五种。

4．普通锉刀规格分为______规格和______规格。其中方锉的尺寸规格用______尺寸表示；圆锉的尺寸规格用______表示；其他锉刀则用______表示。

5．普通锉刀锉纹粗细规格以锉刀每______mm 轴向长度内______的条数表示。

6．锉刀应根据工件表面形状、______、______、______以及______和______来选用。

7．锉削圆球时要同时完成三种运动，即锉刀的______、______和______。

二、判断题（正确的打"√"，错误的打"×"）

1．锉刀的锉齿排列有单双之分，其中双齿纹锉刀的主锉纹与辅锉纹斜角相同。（　　）

2．锉刀面是锉刀的主要工作面，其中主锉纹起主要切削作用，辅锉纹起分屑作用。（　　）

3．当锉削铜、铝等软金属以及加工余量大、精度低、表面要求较粗糙的工件时，一般选用齿纹较粗的锉刀。（　　）

三、选择题（将正确答案的代号填入括号内）

1．锉削的尺寸精度可达（　　）mm。

A．0.1　　B．0.05　　C．0.01

2．锉削速度一般为（　　）次/min 左右。

A．30　　B．40　　C．60

3．锉刀齿纹粗细通常划分为 1 号～5 号，其中粗齿锉刀指的是（　　）号；中齿锉刀指的是（　　）号；细齿锉刀指的是（　　）号。

A．1　　B．2　　C．3

D．4　　E．5

四、简答题

1. 平面锉削的基本方法有哪几种？各有什么特点？分别应用于什么场合？

2. 简述外圆弧面锉削方法及特点。

3. 简述锉削时的安全生产要求。

第三章　孔与螺纹加工

第一节　钻　　床

一、填空题（将正确答案填写在横线上）

1. 在钻床上可进行________、________、________、________和攻螺纹等多项操作。

2. Z4112 型台式钻床是一种________型钻床，其最大钻孔直径为________mm，主轴变速机构采用________变速方法。

3. 台钻通常只有________进给，它是通过三星进给手柄带动齿轮轴转动，再由齿轮轴上的齿轮齿条副使________移动来实现进给的。

4. Z525B 型立式钻床最大钻孔直径为________mm，主轴锥孔为________锥度，主轴转速分________级，主轴进给量分________级。

5. Z525B 型立式钻床主要由底座、立柱、工作台、主轴、__________机构、________机构、________系统、照明和电气控制部分等组成。

6. 摇臂钻床的自动化程度较高，适用于在________型零件上进行________、________、________、________及攻螺纹等工作。

7. Z3050×16（Ⅰ）型摇臂钻床最大钻孔直径为________mm，主轴锥孔为________锥度。

8. Z3050×16（Ⅰ）型摇臂钻床可以实现________进给、________进给、________进给以及定程切削。

9. 扳手三爪钻夹头（俗称钻夹头，类代号用“J”表示）是钻床主要辅具之一，它分为________（H）、________（M）和________（L）三类，连接形式有____________连接和__________连接两种。

10. 标准钻头变径套共有________种。对 3 号钻头变径套来说，内锥孔为________锥度，外圆锥为__________锥度。

11. 用斜铁拆卸钻头时，斜铁带圆弧的一边应放在________面，否则会把钻床主轴（或钻头变径套）上的长圆孔挤坏。

二、判断题（正确的打“√”，错误的打“×”）

1. Z4112 型台式钻床主轴，通过改变 V 带的位置，可实现 5 种不同的转速，带张紧力的调整靠电动机前后移动来完成。（　　）

2. Z525B 型立式钻床主轴，可以自动进给，也可手动进给。（　　）

3. Z525B 型立式钻床允许不停车即可主轴变速，而 Z3050 × 16（Ⅰ）型摇臂钻床必须停车变速。（ ）

4. Z3050 × 16（Ⅰ）型摇臂钻床有 3 级高转速及 3 级大进给量，因有互锁，所以可同时选用。（ ）

5. Z3050 × 16（Ⅰ）型摇臂钻床的主轴箱和立柱的夹紧或松开，只能同时进行，不可单独进行。（ ）

6. 使用快换钻夹头可做到不停车换装刀具，从而大大提高了生产效率，也降低了操作者的劳动强度。（ ）

7. 由于 Z525B 型立式钻床的正、反转是靠改变电动机的转向来实现的，所以允许从正转直接按动反转按钮或从反转直接按动正转按钮。（ ）

三、选择题（将正确答案的代号填入括号内）

1. 在钻床上装夹钻头时，采用（ ）装夹方法旋转精度最高。

A. 钻夹头　　B. 变径套　　C. 快换钻夹头

2. 钻夹头是用来装夹（ ）钻头的。

A. 锥柄　　B. 直柄　　C. 直柄或锥柄

3. 钻头变径套用来装夹直径为（ ）mm 以上的锥柄钻头。

A. 13　　B. 15　　C. 20

4. 一般来说，钻头变径套的外圆锥比内锥孔大 1 号，非标钻头变径套则大（ ）。

A. 1 号　　B. 2 号　　C. 2 号或更多

四、简答题

1. 钳工常用的钻床有哪几种？各有什么特点？

2. 简述台钻使用的安全生产要求。

3. 使用立钻时有哪些安全生产要求？

4. 简述钻床的一级保养内容及要求。

第二节　钻孔、扩孔和锪孔

一、填空题（将正确答案填写在横线上）

1. 用钻头在实体材料上加工孔的方法称为________。

2. 麻花钻按制造精度等级分为________级和________级麻花钻，其中________级标记“H”，________级不标记；按与钻床的装夹形式分为________麻花钻和__________麻花钻。

3. 麻花钻主切削刃上的前角大小是变化的，外缘处________，自外向内逐渐________。

4. 麻花钻主切削刃上的后角大小是____________的，外缘处____________，越近钻心后角____________。

5. 标准麻花钻的顶角 $2\varphi=$ ____________，此时两主切削刃呈________。

6. 磨短横刃并增大靠近钻心处的前角，可减小__________和________现象，提高钻头的________和切削的________。

7. 钻削时切削用量的选用原则是：在允许的范围内，尽量先选较大的________，当受到表面粗糙度和钻头刚度的限制时，再考虑选较大的__________。

8. 用扩孔刀具对工件上原有的孔进行扩大加工的方法称为________。扩孔加工尺寸精度一般为__________，表面粗糙度一般为__________，常作为孔的____________及铰孔前的__________。

9. 用麻花钻扩孔时，底孔直径约为所要求直径的__________倍；用扩孔钻扩孔时，底孔直径约为所要求直径的__________倍，进给量为钻孔时的__________倍，切削速度为钻孔时的__________。

10. 锪钻按孔口的形状一般分为__________、__________和__________三种。

11. 锪孔时的进给量为钻孔时的________倍，切削速度为钻孔时的________。

12. 用麻花钻改制的平底锪钻锪孔时，必须按照“________、________、__________”的顺序进行。

二、判断题（正确的打“√”，错误的打“×”）

1. 在钻床上进行钻孔时，钻头的旋转是主运动，钻头沿轴向移动是辅助运动。（　　）

2. 为了提高生产效率，钻孔时可在主轴旋转状态下装夹、检测工件。（　　）

3. 一般直径在 5 mm 以上的麻花钻，均需修磨横刃。（　　）

4. 钻孔时进给量要选择合理，钻孔将穿透时，应增大进给力。（　　）

5. 群钻磨出月牙槽，形成凹形圆弧刃，把主切削刃分成 3 段，起到分屑、断屑的作用，使排屑顺利。（　　）

6. 扩孔精度不如钻孔精度高。（　　）

三、选择题（将正确答案的代号填入括号内）

1. 麻花钻的螺旋角通常为（　　）。

A. 30°　　B. 45°　　C. 60°

2. 麻花钻横刃处的前角 γ_o = (　　)。

A. $-60° \sim -54°$　　B. $-30°$　　C. 30°

3. 麻花钻顶角越小，轴向力越小，外缘处刀尖角越大，利于 (　　)。

A. 切削液的进入　　B. 散热　　C. 排屑

4. 标准麻花钻的顶角 $2\varphi < 118°$时，主切削刃呈 (　　)。

A. 直线　　B. 凹形　　C. 凸形

5. 当麻花钻后面磨出后，横刃斜角自然形成，其大小与后角有关。标准麻花钻的横刃斜角是 (　　)。

A. 30° ~35°　　B. 50° ~55°　　C. 60° ~65°

四、简答题

1. 钻削加工有什么特点？

2. 麻花钻由哪几部分组成？各部分的主要作用是什么？

3．简述麻花钻螺旋角、顶角、前角、后角和横刃斜角对钻削的影响。

4．标准麻花钻有哪些缺点？

5．在薄板工件上钻孔时，为什么不能用普通麻花钻？对薄板群钻有什么刃磨要求？

6. 简述钻孔的操作要点。

7. 简述钻孔时的安全生产要求。

8. 扩孔有哪些特点？

9．简述锪孔的操作要点。

10．在图 3—1 中标出麻花钻切削部分的名称。

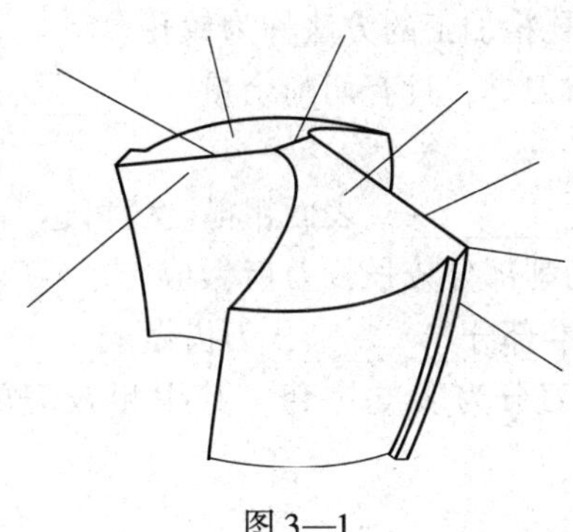

图 3—1

五、计算题

在钻床上加工 ϕ10 mm 的孔，根据加工精度及材质要求，采用先钻孔再扩孔（用扩孔钻）工艺，要求钻孔时的切削速度为 24 m/min，求：

（1）钻削时的钻头直径。

（2）钻削时应选择的转速。

（3）扩孔时的切削深度。

（4）扩孔时应选择的转速。

第三节 铰　　孔

一、填空题（将正确答案填写在横线上）

1. 用铰刀从工件孔壁上切除微量金属层，以获得较高的________________和较小的______________，这种对孔精加工的方法称为铰孔。

2. 铰刀是精度较高的多刃刀具，具有切削余量________、导向性________、加工精度高等特点。

3. 铰孔一般尺寸精度可达________，表面粗糙度值可达________。

4. 手用整体圆柱铰刀的切削部分较长，刀齿做成________分布形式；而机用整体圆柱铰刀的切削锥角________，校准部分________，刀齿做成________分布形式。

5. 对于锥度比较大的铰刀分为多支一套，其中粗铰刀的刀刃上开有螺旋形分布的________，以减轻铰削负荷。

6. 铰削带有键槽的孔应选择____________铰刀。

7. 对于常备标准铰刀的直径公差按_______________ 制造。另外，国家标准还制定了加工________、________、________级孔的铰刀直径公差。

二、判断题（正确的打“√”，错误的打“×”）

1. 手用可调节铰刀适用于修配、单件生产以及特殊尺寸（非标）情况下铰削通孔。（　　）

2. 铰削时，为了便于断屑和排屑，铰刀应反转。（　　）

3. 机铰时，应使工件一次装夹进行钻、扩、铰，以保证铰刀中心线与钻孔中心线同轴。（　　）

4. 由于铰孔属于精加工，所以切削液的作用应以润滑为主。（　　）

5. 机铰时，为了提高铰削质量，铰孔完成后，要先停车再退出铰刀。（　　）

三、选择题（将正确答案的代号填入括号内）

1. 铰刀齿数一般为 4 ~ 8 齿，为测量直径方便，多采用（　　）齿。
   A. 偶数　　B. 奇数　　C. 偶数或奇数

2. 整体圆柱铰刀的规格是指（　　）的直径。
   A. 校准部分　　B. 紧接切削锥之后　　C. 柄部

3. 为避免铰削时因铰刀顺时针转动而产生自动旋进现象，以及使铰下的切屑容易被推出孔外，一般螺旋槽铰刀的旋向做成（　　）。

A. 右旋　　B. 左旋　　C. 左、右旋均可

4. 铰削铸铁工件时，采用煤油冷却润滑，会引起孔径（　　）。

A. 缩小　　B. 扩大　　C. 缩小或扩大

四、简答题

1. 整体圆柱铰刀由哪几部分组成？各部分起什么作用？

2. 铰削余量为什么不能太大或太小？

3. 简述铰削锥孔时的操作要点。

第四节　螺 纹 加 工

一、填空题（将正确答案填写在横线上）

1. 攻螺纹按其操作方法分为________________和__________________两种。

2. 丝锥是加工________的工具，它由___________和___________组成，工作部分由__________和__________组成。

3. 成组丝锥切削量的分配形式有___________和___________两种。通常 M6 ~ M24 丝锥每组有___________支；M6 以下及 M24 以上的丝锥每组有___________支；细牙螺纹丝锥每组有___________支。

4. 使用不等径丝锥时必须按_______、_______、_______顺序进行，主要用于直径较小或直径较大以及螺纹精度要求较高的场合。

5. 在一组等径丝锥中，各支丝锥的大径、_________、_________均相等，仅切削锥的_______及___________不等。

6. 丝锥的规格参数主要包括螺纹的_________和_________。

7. 常用的圆板牙有_________________圆板牙和可调圆板牙。其中，可调圆板牙又分为_________________可调圆板牙和切向可调圆板牙两种。

二、判断题（正确的打“√”，错误的打“×”）

1. 圆板牙由切削锥、校准部分和容屑孔组成，一端有切削锥。（　　）

2. 不等径丝锥的切削量分配比较合理，切削省力，各支丝锥磨损量差别小，寿命长，攻制的螺纹表面粗糙度值小。（　　）

3. 普通铰杠的规格用其夹持丝锥的范围表示。（　　）

4. 整体圆板牙的圆周上开一 V 形槽，其作用是便于板牙在板牙架中的紧固。（　　）

三、选择题（将正确答案的代号填入括号内）

1. 不等径三支一组的丝锥，切削量的分配为（　　）。

A. 1∶2∶3　　B. 1∶3∶6　　C. 6∶3∶1

2. 攻螺纹前的底孔直径应（　　）螺纹小径。

A. 稍大于　　B. 稍小于　　C. 等于

3. 普通螺纹丝锥的螺纹（　　）公差带有四种，即 H1、H2、H3 和 H4，可分别加工精度要求不同的内螺纹。

A. 小径　　B. 中径　　C. 大径

4. 攻螺纹前在孔口倒角，倒角直径应（　　）螺纹公称直径，以方便丝锥顺利切入，并可防止孔口挤出毛刺。

A. 等于　　B. 稍小于　　C. 稍大于

5. 攻盲孔螺纹时，由于丝锥的切削锥部分不能攻出完整的螺纹牙型，所以钻孔深度要

（　　）螺纹的有效长度。

A．等于　　　　B．大于　　　　C．小于

6．套螺纹时，由于圆板牙切削锥对材料不但有切削作用，还有挤压作用，其牙顶将被挤高，所以圆杆直径应（　　）螺纹公称直径。

A．等于　　　　B．大于　　　　C．小于

四、简答题

1．简述手工攻螺纹的操作要点。

2．简述套螺纹的操作要点。

五、计算题

1. 计算攻制钢件螺纹 M8、M20×1.5 的底孔直径（精确到小数点后一位）。

2. 计算套 M10 螺纹时的圆杆直径。

3. 分别在钢件和铸铁件上攻制 M12 的内螺纹，若螺纹的有效长度为 35 mm，求攻螺纹前钻底孔钻头的直径及钻孔深度。若 $n=400$ r/min，$f=0.5$ mm/r，求钻孔切削时间（钻头顶角为 120°，只计算钢件）。

第四章 模具钳工精加工

第一节 常用精密测量器具

一、填空题（将正确答案填写在横线上）

1. 指示表的分度值为________mm 的称为百分表；分度值为________mm 和________mm 的称为千分表。

2. 为了使用方便，杠杆百分表的度盘除有正面式外，目前，还有________式和________式几种。

3. 使用杠杆指示表时，对于平面工件，测杆轴线应________于被测平面；对于圆柱形工件，测杆的轴线要与过被测母线的相切面________，否则会产生较大误差。

4. 量块按材质分为________量块、________量块和________量块等。其准确度等级分为________级、0 级、1 级、2 级和 3 级共五个级别，其中______级最高，________级最低。

5. 为了工作方便，减小________误差，选用量块时，应尽可能选用________的组合块数，一般情况下不超过________块。

6. 正弦规是一种以间接方法测量零件________或________的精密测量器具，其准确度等级分为________级和________级。

7. 水准器式水平仪是利用水准器气泡偏移来测量被测平面相对水平面微小倾角的角度测量仪器，俗称气泡式水平仪。常用的有________水平仪、________水平仪和________水平仪。

二、判断题（正确的打“√”，错误的打“×”）

1. 指示表是指利用机械传动系统，将测杆的摆动位移转变为指针在度盘上的角位移，并由度盘进行读数的测量器具。（　）

2. 杠杆指示表是指利用机械传动系统，将杠杆测头的直线位移转变为指针在度盘上的角位移，并由度盘进行读数的测量器具。（　）

3. 量块主要用于量具和量仪的检验校正、精密划线和精密机床的调整，以及较高精度零件的测量。（　）

4. 因为水平仪是一种测角量仪，所以不能用来测量导轨在垂直平面内的直线度、工作台的平面度及零件间的垂直度和平行度等。（　）

三、选择题（将正确答案的代号填入括号内）

1. 指示表属（　）类指示式测量器具，常用来测量工件的尺寸、形状和位置误差。

A. 长度　　　　　　　　B. 角度　　　　　　　　C. 形位误差

2. 杠杆指示表具有（　　）个方向的测量功能。

A. 一　　　　　　　　　B. 两　　　　　　　　　C. 三

3. 正弦规的规格用（　　）表示，常用的有 100 mm 和 200 mm 两种。

A. 工作面长度　　　　　B. 工作面宽度　　　　　C. 两圆柱中心距

4. 标记为 0.02/1 000 mm 的水平仪，其含义是测量面与水平面倾斜角为（　　），斜率是 0.02/1 000。

A. 2″　　　　　　　　　B. 4″　　　　　　　　　C. 6″

四、简答题

1. 为什么百分表长指针转过一格时，测杆移动 0.01 mm？

2. 简述指示表的使用注意事项。

3. 杠杆指示表有何特点？

4. 使用量块时应注意哪些问题？

5. 简述水平仪示值读取方法。

五、计算题

1. 用 83 块一套的量块，组配下列尺寸：

（1）45. 44 mm

（2）52. 215 mm

（3）85. 555 mm

2. 用中心距为 100 mm 的正弦规，测量锥角 $2\alpha = 30°$的工件，求量块的高度。

3. 使用分度值为 0.02 mm/1 000 mm 的水平仪，测量长度为 1 600 mm 的导轨在垂直平面内的直线度误差，若每 200 mm 测量一次，测得结果（格数）依次如下：+1、+0.5、+1、0、+1、-2、0、-0.5。

（1）作出直线度误差曲线图。

（2）计算直线度误差值。

4. 用分度值为 0.02 mm/1 000 mm 的水平仪，测量长度为 1 500 mm 的导轨在垂直平面内的直线度误差，分 6 段测得的结果如下：-1、-0.5、0、+1.5、+0.5、-0.5。

（1）作出直线度误差曲线图。

（2）用最小区域法计算直线度误差值。

第二节　刮　　削

一、填空题（将正确答案填写在横线上）

1. 根据被刮削面的形状，刮削分为________刮削和________刮削两种。经过刮削的工件能获得很高的________精度、形状精度、________精度和很小的____________。

2. 刮削时一般按________刮、________刮、________刮和刮花的步骤进行。

3. 刮削常用的显示剂有________和________两种，前者广泛用于________等黑色金属工件上，后者用于__________________________工件上。

4. 刮削接触精度常用 25 mm×25 mm 正方形方框内的______________检验。粗刮要求 25 mm×25 mm 正方形方框内有__________个研点；细刮要求 25 mm×25 mm 正方形方框内有____________个研点。

5. 刮花的目的一是为了增加刮削面的________________；二是为了改善滑动件之间的__________条件，并且还可以根据花纹消失多少来判断平面的________程度。

二、判断题（正确的打“√”，错误的打“×”）

1. 调和显示剂时，粗刮可调得稀些，精刮应调得干些。（　　）
2. 刮削具有切削量大、切削力大、产生热量大、装夹变形大等特点。（　　）
3. 粗刮的目的是增加研点，改善表面质量，使刮削面符合精度要求。（　　）
4. 大型工件研点时，将研具固定，工件在研具表面上研点。（　　）
5. 经过刮削后的工件表面组织比原来疏松。（　　）

三、选择题（将正确答案的代号填入括号内）

1. 粗刮时，刮刀楔角取（　　）。

A. 90°~92.5°　　B. 95°　　C. 97.5°

2. 细刮时，刮削方法采用（　　）。

A. 连续推铲法　　B. 短刮法　　C. 点刮法

3. 对于轴瓦研点时，在轴承长度方向上，（　　）研点可以少些，以获得良好的工作效果。

A. 一端　　B. 中间　　C. 两端

4. 中小型工件的研点，一般是研具固定不动，工件在研具上进行研点，如果工件表面等于或稍大于研具工作面，允许工件超出研具工作面，但超出部分应小于工件长度的（　　）。

A. 1/3　　B. 1/4　　C. 1/5

四、简答题

1. 什么是刮削？其原理如何？

2. 刮削有哪些特点？

3. 简述平面刮削方法及工艺要求。

4. 简述刮削时的安全生产要求。

第三节 研　磨

一、填空题（将正确答案填写在横线上）

1. 研磨可使工件获得精确的________、________和________的表面粗糙度值。

2. 研具是保证被研磨工件几何形状精度的重要因素，因此，对________、________和____________都有较高的要求。

3. 不同形状的工件需要不同形状的研具，研具常用的类型有________________、________________和________________三种。

4. 固定式研磨环制造简单，但磨损后无法________，多用于________的研磨。

5. 由于分散剂和辅助材料的成分和配比不同，研磨剂分为________________研磨剂、________和________研磨剂三种。

6. 按磨料的来源分为________磨料和________磨料；按磨料的硬度分为________磨料和________磨料。

7. 国家标准把磨料的粒度分为______________和______________两部分。其中，GB/T 2481. 1—1998 将____________划分为 F4 ~ F220 共 26 个号；GB/T 2481. 2—2009 将________划分为 F230 ~ F2000 共 13 个号。

8. 研磨方法有________研磨和________研磨两种。

9. 手工研磨的运动轨迹有________形、________形、________形、________形和仿 8 字形等。

10. 在车床上研磨外圆柱面，是通过工件的________和研具在工件上沿轴向做________运动进行研磨。

二、判断题（正确的打“√”，错误的打“×”）

1. 研磨后尺寸精度可达 IT5 ~ IT3。（　）
2. 有槽研磨平板用于精研，光滑研磨平板用于粗研。（　）
3. 软钢韧性较好，不容易折断，常用来做小型工件的研具。（　）
4. 磨料在研磨中起切削作用，研磨效率、研磨精度与选用磨料的种类和粒度有密切的关系。（　）

三、选择题（将正确答案的代号填入括号内）

1. 研磨是微量切削，因此研磨余量不能太大，一般为（　）mm。

A. 0.002 ~ 0.005　　B. 0.005 ~ 0.030　　C. 0.05 ~ 0.40

2. 研具材料应比被研磨的工件材料（　）。

A. 软　　B. 硬　　C. 软或硬

3. 研磨中起稀释、润滑和冷却作用的是（　）。

A. 磨料　　B. 分散剂　　C. 辅助材料

4. 在车床上研磨外圆柱面，当出现与轴线小于45°交叉的网纹时，说明研磨环的往复运动速度（　）。

A. 太快　　B. 太慢　　C. 适中

四、简答题

1. 什么叫研磨？研磨有何特点？

2. 对研具材料有哪些基本要求？常用研具材料有哪几种？各有何特点？

3. 研磨剂由哪些成分组成？各种成分的作用是什么？

4. 研磨工件时应注意哪些问题？

第四节 抛　　光

一、填空题（将正确答案填写在横线上）

1. 抛光表面具有________到________且没有明显的线条纹。

2. 抛光不仅增加工件的美观，而且能够改善材料表面的________、__________，还可以使塑料制品易于________，缩短生产注塑周期等。

3. 磨头主要用来磨削抛光模具__________部位，磨削抛光时，应选用与抛光部位形状________的磨头。

4. 手持抛光磨石属固结磨具的一种，根据 GB/T 4127.11—2008 按截面形状分为长方抛光磨石、________抛光磨石、________抛光磨石、________抛光磨石、________抛光磨石、刀形抛光磨石等。

5. 竹片抛光磨具的作用是压着________或带有抛光剂的毛毡布，在工件上研磨抛光。

6. 使用抛光轮时，应安装在__________式抛光机上，并借助适宜的___________对工件进行抛光加工。

7. 在抛光过程中，抛光剂中的磨料均为____________状态。同时，在辅助材料中还包含了增加_________的化学试剂。

8. 抛光剂在常温下分为________抛光剂、________抛光剂和________抛光剂。

9. 由于抛光剂中的磨料种类、粒度以及辅助材料有所不同，因此，在选用抛光剂时，应根据被抛光工件的________以及各________的具体要求，选择适宜的抛光剂。

10. 流体抛光常用的方法有__________加工、液体喷射加工、__________研磨等。

二、判断题（正确的打“√”，错误的打“×”）

1. 抛光锉刀主要用来锉削抛光模具的细小部位，通常安装在往复式抛光机上使用。（　　）

2. 非缝合式整布轮适用于抛光形状简单的工件，或用于小型工件的精抛光。（　　）

3. 流体抛光的最大优点是流体介质可以通达零件复杂型腔部位，常用于异形、不规则表面以及内孔、细缝、微孔等隐蔽部位的镜面抛光。（　　）

4. 粗、精抛光过程可以在同一工作地点完成，但要注意清洗干净上一道工序残留在工件表面的磨料。（　　）

三、选择题（将正确答案的代号填入括号内）

1. 光学镜片模具常采用（　　）抛光方法。

A. 流体　　　　B. 超声波　　　　C. 机械

2. 以下属于涂附磨具的是（　　）。

A. 砂纸　　　　B. 抛光磨头　　　　C. 抛光磨石

3. 在进行每一道打磨抛光工序时，磨具应从不同的（　　）方向去打磨抛光，以避免工件产生波浪等高低不平现象，直至消除上一级的砂纹。

A．45°　　　　B．90°　　　　C．180°

四、名词解释

1．抛光

2．涂附磨具

3．流体抛光

4．超声波抛光

5．磁研磨抛光

6．化学抛光

五、简答题

1. 简述抛光的基本工艺过程。

2. 简述模具抛光时的注意事项。

第五章 装配基础知识

第一节 常用电动工具及起重设备

一、填空题（将正确答案填写在横线上）

1. 手电钻的电源电压分________和________两种，其规格用__________来表示。

2. 电磨头适用于零件的________、________和除锈，当用布轮代替砂轮使用时，则可进行________作业。

3. 电动扳手是以电源为动力的螺栓拧紧工具，常用的有________扳手、________扳手、________扳手等。

4. 千斤顶是一种小型______工具，主要用来起重工件或重物。模具钳工常用来拆卸和装配______配合的零件。

5. 单梁桥式起重机是一种轻小型有轨起重设备，由______、______和______等组成。模具钳工在大型模具的______和______中经常使用。

二、判断题（正确的打“√”，错误的打“×”）

1. 用手电钻钻孔时不宜用力过猛。当孔将钻穿时须加大压力，以防事故发生。（　　）

2. 使用电剪刀时必须戴钢丝手套。（　　）

3. 起重时，操作者应站在手动葫芦链轮的同一平面内拉动链条，用力应均匀、缓和。（　　）

4. 起吊零、部件，允许用铁丝、麻绳和三角带作为起吊绳索。（　　）

5. 零、部件起吊稍离地面时要暂停起吊，检查起重设备、起吊工具和绳索是否牢固可靠后，方可继续起吊。（　　）

三、选择题（将正确答案的代号填入括号内）

1. 使用电剪刀剪切时，两刀刃的间距需根据材料厚度进行调整。当作小半径剪切时，须将两刃口间距调整到（　　）mm。

A. 0.2～0.3　　B. 0.3～0.4　　C. 0.4～0.5

2. 起吊时吊钩要垂直于重心，绳与地面垂直线的夹角一般不超过（　　）。

A. 30°　　B. 45°　　C. 60°

四、简答题

1．手电钻使用时应注意哪些问题？

2．电磨头使用时应注意哪些问题？

3．使用电动扳手时应注意什么？

4. 使用千斤顶时应注意什么?

5. 简述单梁桥式起重机的使用注意事项。

第二节　装配工艺概述

一、填空题（将正确答案填写在横线上）

1. 零件是构成机器或产品的________，由两个或两个以上的零件结合成机器的一部分称为________。

2. 装配工作是装配工艺过程中的主要阶段，分为________装配和________装配。

3. 工艺过程是指改变生产对象的形状、尺寸、相对位置或性质等，使其成为________或________的过程。

4. 单件小批生产，一般不需要制定工艺卡片，工人可按__________和______________进行装配。

二、判断题（正确的打“√”，错误的打“×”）

1．流水装配法主要应用于单件生产和小批量生产。（　　）

2．装配工作的好坏，对产品的质量可能有一定影响。（　　）

3．试车主要检验机器运转的灵活性、振动、工作温升、噪声、转速、功率等是否符合要求。（　　）

4．部件装配和总装配都是从基准零件开始。（　　）

5．可以独立进行装配的零件称为装配单元。（　　）

6．一个装配工序可包括一个或几个装配工步。（　　）

7．装配顺序是按先上后下、先内后外、先易后难、先一般后精密、先轻小后重大的原则进行。（　　）

三、名词解释

1．装配

2．部件装配

3．装配工序

4．装配工步

四、简答题

1．装配工艺过程包括哪几个阶段？

2. 装配的组织形式有哪几种？有何特点？

3. 什么叫装配单元系统图？如何绘制？它有何作用？

4. 装配工艺规程有什么作用？如何编制装配工艺规程？

第三节　装配前的准备工作

一、填空题（将正确答案填写在横线上）

1．零件的清洗方法有__________、__________、__________和超声波清洗。

2．工业汽油适用于清洗__________的零部件，航空汽油用于清洗质量要求__________的零件。

3．在装配前进行的密封试验有__________和__________两种。

4．旋转件的不平衡形式有____________和____________两种。

5．静平衡只能平衡旋转件__________的不平衡，无法消除不平衡__________。

二、判断题（正确的打"√"，错误的打"×"）

1．清洗橡胶制品，如密封圈等，既可使用酒精或化学清洗剂清洗，也可使用汽油清洗。（　　）

2．由于汽油的燃点较低，故使用汽油清洗时要注意防火。（　　）

3．煤油、柴油的清洗力比汽油要好。（　　）

4．静平衡只适于"长径比"较小（如盘类旋转件）或长径比虽然大但转速不太高的旋转件。（　　）

三、选择题（将正确答案的代号填入括号内）

1．（　　）法密封性实验适用于承受工作压力较高的零件。

A．气压　　　　B．液压

2．在静平衡实验中，零部件在径向位置上有偏重时，其偏重总是停留在（　　）方向的最低位置。

A．水平　　　　B．铅垂　　　　C．任意

四、简答题

1．常用的清洗剂有哪些？其中化学清洗液有何特点？

2．零件清洗时应注意哪些事项？

3．为什么机器中的旋转件必须进行平衡实验？

4．静不平衡与动不平衡有何不同？简述静平衡方法。

第四节　装配尺寸链与装配方法

一、填空题（将正确答案填写在横线上）

1. 在零件加工或产品装配过程中，为了达到加工精度或装配精度，要涉及各零件的许多有关尺寸。这些互相联系且按一定顺序排列的封闭尺寸组合称为________。

2. 尺寸链具有________和________两大特性。

3. 每个尺寸链至少由________个尺寸组成，构成尺寸链的每一个尺寸都称为“________”。

4. 尺寸链中除________环以外的其余尺寸均称为组成环。

5. 封闭环公称尺寸等于所有________公称尺寸之和减去所有________公称尺寸之和。

6. 封闭环公差等于各________环公差之和。

7. 常用的装配方法有________装配法、________装配法、________装配法和________装配法。

二、判断题（正确的打“√”，错误的打“×”）

1. 绘制尺寸链简图时，不必绘出装配部分的具体结构，但必须严格按照比例画出代表尺寸的线段长度。（　　）

2. 分组装配法的装配精度，完全依赖于零件的加工精度。（　　）

3. 使用互换法可使装配操作简便、生产效率高，零件磨损后更换方便。（　　）

4. 分组装配法适用于小批量生产。（　　）

三、选择题（将正确答案的代号填入括号内）

1. 在一个尺寸链中有（　　）个封闭环。

A. 一　　B. 两　　C. 三

2. 装配精度完全依赖于零件加工精度的装配方法是（　　）。

A. 互换法　　B. 修配法　　C. 调整法

3. 封闭环公差等于（　　）公差之和。

A. 增环　　B. 减环　　C. 各组成环

4. 根据装配精度（即封闭环公差）对装配尺寸链进行分析，并合理分配各组成环公差的过程称为（　　）。

A. 装配方法　　B. 解尺寸链　　C. 检验法

四、名词解释

1. 装配尺寸链

2．封闭环

3．增环

4．减环

五、简答题

1．什么是互换装配法？简述其特点及应用场合。

2．什么是分组装配法？简述其特点及应用场合。

3．什么是修配装配法？简述其特点及应用场合。

4．什么是调整装配法？简述其特点及应用场合。

六、计算题

1．有一尺寸链的各环公称尺寸及极限偏差如图 5—1 所示，计算装配后封闭环 A_{Δ} 的极限尺寸。

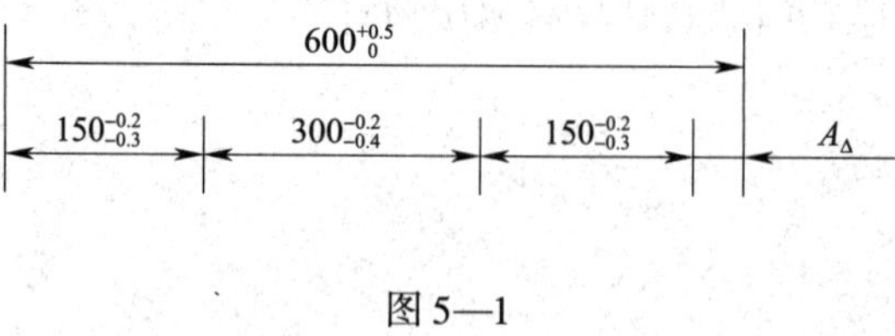

图 5—1

2. 加工如图 5—2 所示的零件，现仅有外径千分尺供选用，求 A、B 间应控制的极限尺寸。

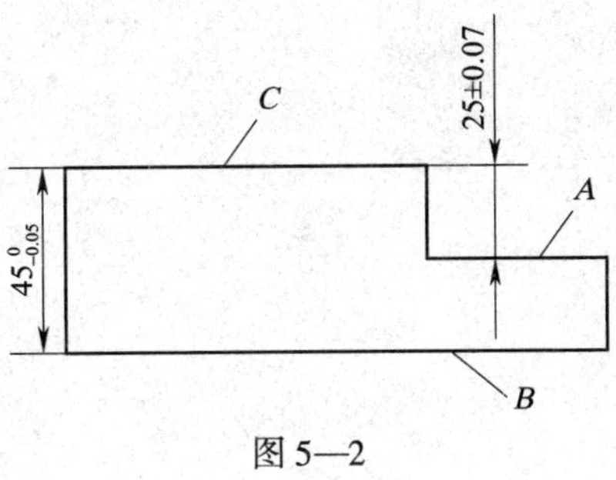

图 5—2

3. 图 5—3 所示为一齿轮箱体部分示意图，按设计要求，齿轮轴端面和轴套之间必须保证 1 ~ 1.5 mm 的间隙，验算图中所给尺寸的偏差能否满足设计要求。

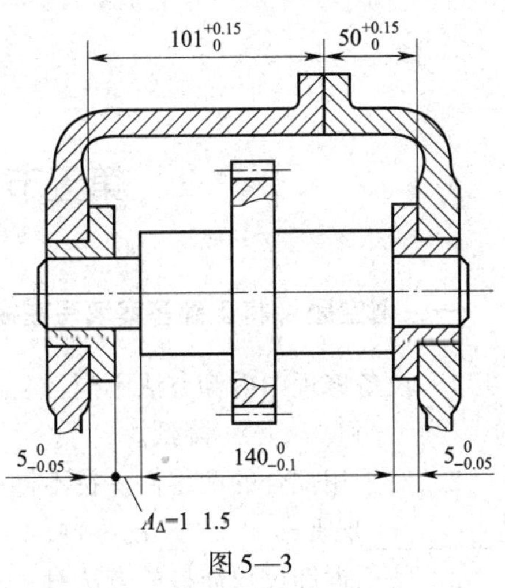

图 5—3

4. 图5—4所示齿轮箱部件，装配技术要求为轴向间隙 $A_{\Delta}=0.2\sim0.5$ mm。已知 $A_1=160$ mm，$A_2=140$ mm，$A_3=20$ mm，试用互换法解尺寸链。

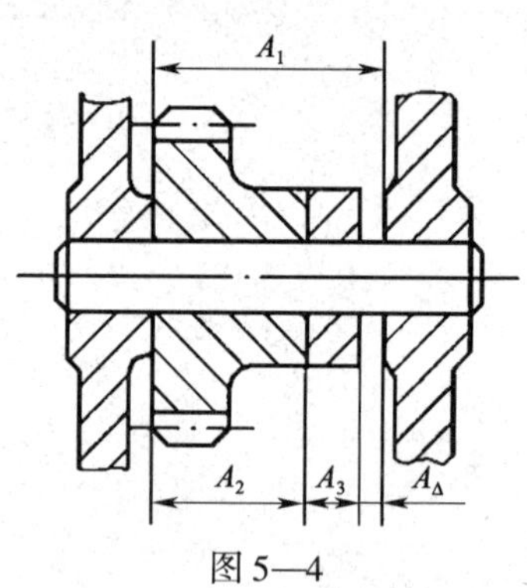

图5—4

第五节　零件拆卸与修理

一、填空题（将正确答案填写在横线上）

1. 设备修理中拆卸方法不当，会造成被拆卸零部件________，甚至使整台机器或模具的________和________降低。

2. 对于相配合的两零件，在不得已必须采用破坏性拆卸时，应保存价值________、制造________或质量________的零件。

3. 常用拆卸过盈连接的方法有________法、________法、________法、加热法和破坏性拆卸法等。

4. ________法是一种静力拆卸方法，适用于拆卸精度较高的零件。

5. 电镀法不但能恢复磨损零件的__________，还能改善_________，提高________、_________、耐腐蚀性等。

6. 金属喷涂修复法有_________法和_________法两种。此方法多用于_________或_________的修复，也可用来修复___________、__________等。

7. 气焊常用于修复断裂损坏的________钢、________钢、________和有色金属及其合金零件，还可以修复________零件和_________合金。

二、判断题（正确的打“√”，错误的打“×”）

1. 机械设备拆卸时，一般从内部拆至外部，从下部拆至上部，先拆零件后拆部件。（　　）
2. 对不易拆卸或拆卸后会降低连接质量和损坏一部分连接零件的，应当尽量避免拆卸。（　　）
3. 当零件磨损而不能完成预定的使用功能时，就必须修理或更换。（　　）
4. 当零件磨损后，使生产效率降低，工人劳动强度增加时，就应修换。（　　）
5. 零件磨损或局部断裂时，可用焊接的方法进行修复。（　　）
6. 振动堆焊法常用于对主轴、花键轴、齿轮等零件进行修复。（　　）

三、简答题

1. 零件拆卸前应做好哪些准备工作？

2. 简述拆卸的基本要求。

3. 击卸拆卸法和拉拔拆卸法各有何特点？

4. 零件常用的修复方法有哪些？

5. 电刷镀技术有何特点？

第六章　固定连接的装配与修理

第一节　螺纹连接的装配与修理

一、填空题（将正确答案填写在横线上）

1. 在机械产品中零件之间的连接方法包括固定连接和________连接两种，其中最常见的固定连接有________连接、________连接、________连接和________连接等。

2. 螺纹连接是一种可拆卸的________连接，具有__________、________、__________等优点，在机械中应用非常广泛。

3. 钩头扳手用于________的装拆。

4. ________扳手主要用于有预紧力要求的场合。

5. 棘轮扳手不用换位，反复摆动手柄即可________或________螺母或螺钉，具有使用方便、效率高等特点。

6. 螺纹连接的主要类型有________连接、________连接、________连接和________连接等。

7. 为了达到连接可靠和紧固的目的，螺纹连接装配时要施加一定的________力矩，保证螺纹牙间产生足够的____________和________力矩。

8. 螺纹配合精度由__________和__________两个因素确定，分为________、________、________三种。

9. 双头螺柱装配必须保证与机体螺孔的配合有足够的________________，通常是利用____________________来实现过盈配合而达到紧固的目的。

10. 将双头螺柱拧入机体螺孔的方法有很多，常用的有__________拧紧法和__________拧紧法两种。

二、判断题（正确的打“√”，错误的打“×”）

1. 螺钉旋具（俗称螺丝刀）的规格用旋体长度表示。（　　）

2. 活扳手的规格用开口的最大尺寸表示。（　　）

3. 用双螺母拧紧双头螺柱，是将两个螺母相互锁紧在双头螺柱上，再转动螺母将双头螺柱拧入螺孔。（　　）

4. 串联钢丝法防松，装配时应注意钢丝的穿绕方向。（　　）

5. 开口销与槽螺母防松，多用于静载荷和工作平稳处。（　　）

6. 螺纹连接的预紧就是在正常状态下把螺纹拧紧后，再加大拧紧力量，使螺纹连接在承受工作载荷之前受到预紧力的作用。（　　）

三、选择题（将正确答案的代号填入括号内）

1. 梅花扳手的特点是承载能力大、换位转角小，适用于工作空间狭小，不能容纳普通扳手的场合。其最小换位转角为（　　）。

A. 30°　　B. 45°　　C. 60°

2. 双头螺柱装配时，其轴线必须与机体表面（　　）。

A. 同轴　　B. 平行　　C. 垂直

3. 拧紧成组螺钉或螺母时，应从（　　）、分层次、逐步拧紧，以确保连接件及螺钉受力均匀。

A. 左端开始向右端　　B. 右端开始向左端　　C. 中间开始向两边对称

4. 螺纹连接的机械方法防松装置包括（　　）防松。

A. 止动垫圈　　B. 弹簧垫圈　　C. 双螺母

四、简答题

1. 螺纹连接的基本类型有哪几种？各有何特点？适用于什么场合？

2. 螺纹连接装配的技术要求有哪些？

3. 螺纹连接预紧的目的是什么？常用预紧力的控制方法有哪几种？

4. 螺纹连接常用的防松方法有哪些？各用在什么场合？

5. 螺纹连接的损坏形式有哪几种？如何进行修理？

第二节　键连接的装配与修理

一、填空题（将正确答案填写在横线上）

1. 键连接是通过________实现轴和轴上零件间的________固定以传递运动和转矩。

2. 键连接可分为________连接、________连接和________连接。

3. 松键连接分为__________连接、__________连接、__________连接和__________连接四种。

4. 普通平键连接靠键的________传递转矩，只对轴上零件作________固定，不能承受________力，轴与轮毂的________度较好。

5. 滑键连接是将键固定在________上，键随________一起沿________滑动，适用于轴向移动距离较________的场合。

6. 楔键连接靠__________作用来传递转矩，能__________固定零件，并传递单方向的________力，但使轴上零件与轴的配合产生偏心和歪斜，多用于对中性要求________，转速________的场合。

7. 花键连接按齿形不同，分为________花键连接和________花键连接；按使用要求分为________花键连接和________花键连接两种。

8. 花键连接具有承载能力__________、传递转矩__________、同轴度__________和导向性__________等优点，但制造成本高，适用于载荷__________和同轴度要求__________的传动机构中。

二、判断题（正确的打“√”，错误的打“×”）

1. 松键连接不如紧键连接对中性好。（　　）

2. 普通楔键连接，键的上下两面是工作面，键侧与键槽间有一定间隙。（　　）

3. 导向平键用螺钉固定在轴上的键槽中，轮毂沿键的侧面作轴向滑动，用于轮毂沿轴向移动距离较大的场合。（　　）

4. 装配楔键时，要用涂色法检查键两侧面与轴槽和毂槽的接触情况。（　　）

三、选择题（将正确答案的代号填入括号内）

1. 松键装入键槽后，键的顶面与轮毂键槽底部应有一定的（　　）。

A. 过盈　　B. 间隙　　C. 过盈或间隙

2. 松键连接能保证轴与轴上零件有较高的（　　）。

A. 同轴度　　B. 垂直度　　C. 平行度

3. 钩头楔键装配后，键的钩头应与轮毂端面（　　）。

A. 有一定间隙　　B. 紧贴　　C. 靠近

4. 轴上零件轴向移动量较大时，则采用（　　）连接。

A. 半圆键　　B. 导向平键　　C. 滑键

5. 动花键连接装配时，内花键零件应能在花键轴上（　　）。

A. 固定不动　　B. 自由滑动　　C. 自由转动

四、简答题

1. 松键连接的装配技术要求有哪些？

2. 简述松键连接的装配要点。

3. 花键连接的定心方式有哪几种？为什么国家标准《矩形花键尺寸、公差和检验》（GB/T 1144—2001）中只规定了小径定心一种？

4. 键的损坏形式有哪几种？如何修理？

第三节　销连接的装配与修理

一、填空题（将正确答案填写在横线上）

1. 销连接在机械中的主要作用是________、________和__________。
2. 圆锥销具有________的锥度，以____端直径和________代表其规格。
3. 销连接装配时，被连接件的两孔应________钻、铰加工。
4. 小端带外螺纹的圆锥销，可用螺母锁紧，适用于有________的场合。

二、判断题（正确的打“√”，错误的打“×”）

1. 圆柱销多次装拆对连接的紧固性及定位精度影响较小。（　）
2. 钻削圆锥销孔，按圆锥销大端直径尺寸选用钻头。（　）
3. 圆柱销一般依靠微量过盈固定在孔中，用以定位和连接。（　）

三、简答题

1. 简述圆柱销的特点及应用。

2. 简述圆锥销的装配方法。

3. 简述销连接的修理方法。

第四节　过盈连接的装配与修理

一、填空题（将正确答案填写在横线上）

1. 过盈连接是靠__________和__________配合后的__________来达到紧固连接目的的一种连接方法。

2. 过盈连接能传递转矩、__________力和一定的__________载荷，具有结构简单、同轴度__________、承载能力__________等优点。

3. 热胀法是利用金属材料热胀冷缩的物理特性，将__________加热胀大，再将常温状态的__________压入，达到过盈连接。

4. 过盈连接常用的加热方法有__________加热、__________加热、油加热、__________加热、红外线辐射加热和__________加热等。

5. 冷缩法是利用金属材料热胀冷缩的特性，将__________冷却缩小后装入常温的__________中。常用的方法是采用__________冷缩和__________冷缩。

6. 圆锥面过盈连接是利用轴和孔零件在__________上的相对位移，使径向产生过盈量而获得的过盈连接，常用的装配方法有__________法和__________法两种。

二、判断题（正确的打“√”，错误的打“×”）

1. 过盈连接的零件一般不进行拆卸，拆卸时容易损伤或破坏连接零件。过盈连接的损

坏形式是过盈量的丧失而使配合松动。 (　　)

2. 液压套合法装拆过盈连接，不仅需要很大的轴向力，同时容易损伤配合表面。(　　)

3. 液压套合法适用于圆柱面的过盈连接装拆。 (　　)

4. 过盈连接对配合面的加工精度要求较高，装拆比较困难。 (　　)

三、选择题（将正确答案的代号填入括号内）

1. 过盈连接装配时，装配过程应连续，速度要稳定，不宜太快，一般以（　　）mm/s 为宜。

A. 2 ~ 4　　B. 3 ~ 5　　C. 4 ~ 6

2. 圆柱面过盈连接相配合的孔口和轴端应有（　　）的倒角，以便于装配。

A. 3° ~ 5°　　B. 4° ~ 6°　　C. 6° ~ 8°

3. 油为加热介质时，其温度可控制在（　　）℃。

A. 80 ~ 100　　B. 100 ~ 120　　C. 90 ~ 230

4. 过盈连接修复时，一般首先修复（　　），以此为基准，改变另一配合件的尺寸，使轴、孔重新产生需要的过盈量。

A. 孔　　B. 轴　　C. 孔和轴均可

四、简答题

简述过盈连接的装配技术要求。

第七章 机床夹具

第一节 机床夹具概述

一、填空题（将正确答案填写在横线上）

1. 在机床上用以__________工件（或引导刀具）的装置称为机床夹具，广泛应用于机械__________、__________、__________等工艺过程中。

2. 一般机床夹具至少由__________、__________元件和__________装置这三部分组成，而__________元件或某些__________装置（如连接元件、对刀元件、分度装置等）则根据夹具的作用和要求而定。

3. 机床夹具按通用特性可分为__________夹具、__________夹具、__________夹具、__________夹具、__________夹具和__________夹具。

4. 使用机床夹具时，其零件的加工精度主要取决于__________的制造精度，且在成批生产时，能始终保持加工精度的__________。

二、判断题（正确的打“√”，错误的打“×”）

1. 使用机床夹具可保证加工精度，提高劳动生产率，扩大机床的加工范围。（　　）

2. 确定工件在机床上或夹具中占有正确位置的元件（起定位作用的零部件）称为导向元件。（　　）

3. 将工件固定，使其在加工过程中保持位置不变的装置称为定位元件。（　　）

4. 机床夹具主要适用于单件或小批量生产的场合。（　　）

三、简答题

机床夹具在机械加工中有何作用？

第二节 工件的定位

一、填空题（将正确答案填写在横线上）

1. 工件加工时应限制的自由度取决于________，定位支承点的分布取决于__________。
2. 夹具中的支承分为________支承和________支承两类。
3. 基本支承是用来限制工件自由度，具有独立定位作用的定位支承，常用的有________、_________、_________支承和_________支承等。
4. 工件以外圆柱面定位时，常用的定位元件有_________、_________。
5. 工件以圆柱孔定位时，常用的定位元件有_________、_________和_________。
6. 如图 7—1 所示为多种定位方式，填写各定位方式限制的自由度。

a 图限制了_____________；b 图限制了_____________；
c 图限制了_____________；d 图限制了_____________；
e 图限制了_____________；f 图限制了_____________；
g 图限制了_____________；h 图限制了_____________。

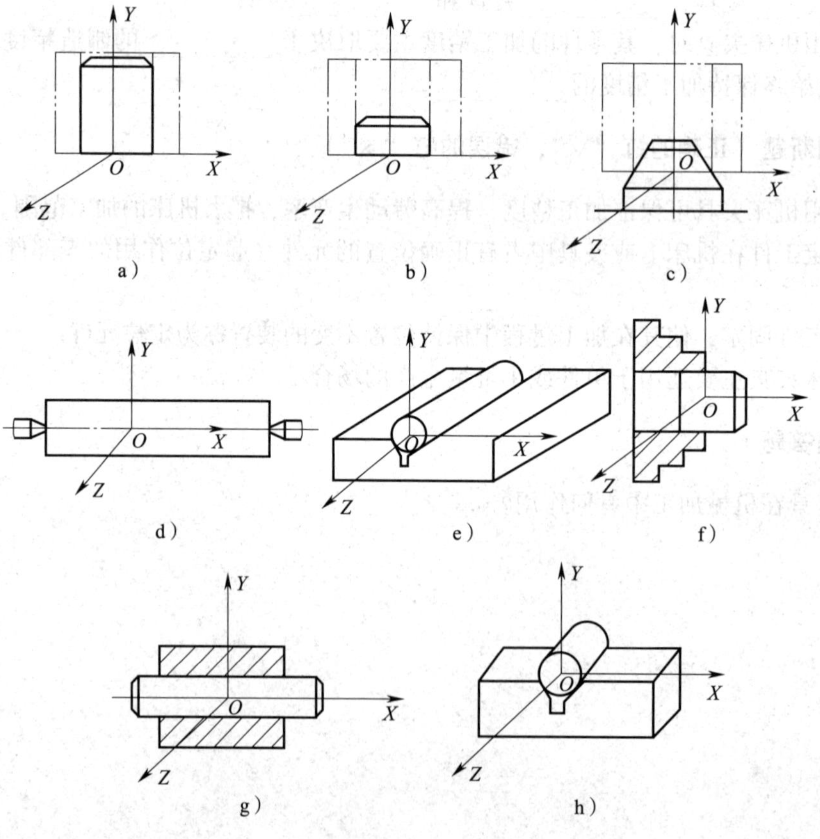

a） b） c）

d） e） f）

g） h）

图 7—1

二、判断题（正确的打“√”，错误的打“×”）

1. 平面定位时三个定位支承点所组成的三角形面积越小，工件安放越平稳。（　　）
2. 长方体工件定位，主要定位基准面上的三个支承点一定要分布在同一直线上。（　　）
3. 防转支承应尽可能远离回转中心，以减小转角误差。（　　）
4. 过定位一般是允许的，而欠定位是绝不允许的。（　　）
5. 具有独立的定位作用，能限制工件的自由度的支承称为辅助支承。（　　）
6. 基本支承中的支承板适用于工件精基准定位。（　　）
7. 圆柱体工件在短V形架上定位，可限制工件四个自由度。（　　）
8. 工件以圆柱孔在较长心轴上定位，可限制工件两个自由度。（　　）

三、选择题（将正确答案的代号填入括号内）

1. 如果在一个平面上布置三个支承点，则三个支承点连成一个三角形的面积应（　　）。

A. 尽量大　　B. 尽量小　　C. 可大可小

2. 工件在夹具中定位时，被夹具的三个支承点限制三个自由度的这个面，称为（　　）。

A. 主要定位基准面　　B. 导向定位基准面　　C. 止推定位基准面

3. 用一个平面对工件进行定位可限制工件的（　　）个自由度。

A. 两　　B. 三　　C. 四

4. 长方体工件定位，在导向基准面上分布（　　）个支承点，且平行于主要定位基准面。

A. 一　　B. 两　　C. 三

5. 所限制的自由度数目少于按加工要求所必须限制的自由度数目，这种定位称为（　　）定位。

A. 欠　　B. 完全　　C. 过

6. （　　）支承主要用于工件刚度较差，而且定位基准面的形状和位置误差较大的场合。

A. 支承钉　　B. 可调支承　　C. 自位支承

7. 利用已精加工且面积较大的平面定位时，应选用的基本支承是（　　）。

A. 支承钉　　B. 支承板　　C. 辅助支承

8. 外圆柱工件采用长定位套定位时，可限制（　　）自由度。

A. 两个移动　　B. 两个转动　　C. 两个移动和两个转动

四、名词解释

1. 定位

2. 完全定位

3. 不完全定位

五、简答题

1. 什么叫六点定位规则？

2. 什么叫欠定位？欠定位对加工有何影响？

3. 什么叫过定位？过定位对加工有何影响？如何正确处理过定位？

4. 工件选择定位基准时应注意哪些问题？

5. 运用六点定位规则，说明图 7—2 中各工件定位时应限制哪几个自由度。

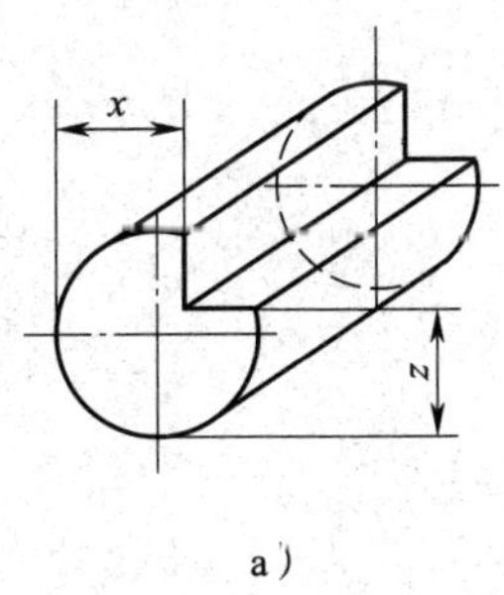

a）

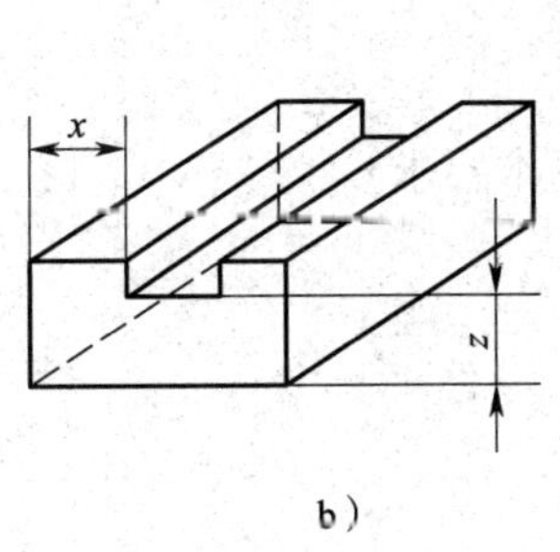

b）

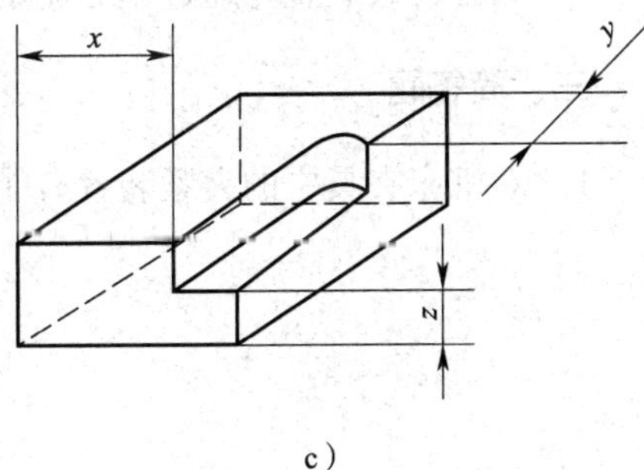

c）

图 7—2

第三节　工件的夹紧

一、填空题（将正确答案填写在横线上）

1．夹紧装置的合理、可靠和安全性，对工件的加工________和________有着重大影响。

2．工件的夹紧力包括夹紧力的________、________和_________三要素。

3．常用的夹紧装置有__________夹紧装置、__________夹紧装置、__________夹紧装置和__________夹紧装置。

4．偏心夹紧装置具有__________简单、__________迅速、__________好的特点，常用的有__________夹紧和__________夹紧等。

二、判断题（正确的打“√”，错误的打“×”）

1．为使斜楔有自锁作用，斜楔的斜面升角应大于摩擦角。（　　）

2．螺旋夹紧装置是利用螺杆旋进夹紧工件的，其结构简单、夹紧可靠，在夹具中应用广泛，但夹紧和松开工件时比较费时、费力。（　　）

3．铰链夹紧装置是一种增力机构，它结构简单，增力倍数大，在气动或液压夹具中应用广泛。（　　）

4．选择夹紧力大小的前提是：必须能保证工件在加工过程中位置始终保持不变。（　　）

5．偏心夹紧装置是通过偏心轮旋转中心与几何中心相重合而起夹紧作用的。（　　）

三、简答题

1．对机床夹具中的夹紧装置有哪些基本要求？

2．选择夹紧力方向时，应遵循哪些基本原则？

3．如何选择夹紧力的作用点？

第四节　钻床夹具与组合夹具

一、填空题（将正确答案填写在横线上）

1．在钻床上进行________孔、________孔、________孔等孔加工时所用的机床夹具，称为钻床夹具（俗称钻模）。

2．常用的钻床夹具有________、________、________、________和盖板式等类型。

3．当加工中、小型工件分布在不同表面上的孔时，可选用________钻床夹具。

4．组合夹具由一套预先制定好的有各种不同形状、不同尺寸的高精度__________和__________组成。

5．组合夹具元件按用途不同可分为基础件、__________件、________件、________件、__________件、紧固件、其他件、合件等。

二、判断题（正确的打“√”，错误的打“×”）

1．回转式钻床夹具主要用于加工不同圆周上的平行孔系，或分布在圆周上的径向孔。（　　）

2．移动式钻床夹具适用于钻削中、小型工件同一表面上的多个孔。（　　）

3．盖板式钻床夹具没有夹具体，一般将钻套、定位元件和夹紧装置均装在钻模板上，多用于加工大型工件上的小孔。（　　）

4．组合夹具通用性能好，主要用于新产品试制或单件小批量生产及临时突击性生产。（　）

5．组合夹具的基础件主要用作不同高度的支承或角度关系的支承，包括各种方形支承、长方形支承、伸长板、角铁支承和角度垫板等。（　）

6．组合夹具的合件是指一种由多元件组成的独立的且结构较复杂的标准部件，如分度组件等。（　）

三、简答题

组合夹具有哪些特点？

第八章　冷冲压模具的装配与调试

第一节　常用冷冲压设备

一、填空题（将正确答案填写在横线上）

1. 机械压力机按机身结构形式通常可分为_________压力机和_______压力机两大类。

2. 机械压力机的主体结构包括_________、_________、_________、能源系统、支承部件和辅助部件。

3. 液压机通常由_________、_________、_________、辅助机构和工作介质组成。

二、判断题（正确的打"√"，错误的打"×"）

1. 机械压力机传动机构的作用是将旋转运动转化为往复直线运动。（　　）

2. 压力机工作中，操作人员不得离开岗位，不准将手或工具等伸入滑块行程范围内，但可以清理、调整、润滑设备。（　　）

3. 机械压力机工作结束时，要使滑块落到下死点位置，并切断电源，整理好工作场地，做好交接班。（　　）

4. 液压机与机械压力机相比有工作平稳，冲击和振动小，噪声小的优点。（　　）

5. 与液压机相比，机械压力机在行程的任何位置均可产生额定的最大压力，并可长时间保压。（　　）

三、选择题（将正确答案的代号填入括号内）

1. 通用锻压机械分为机械压力机、液压机、自动锻压（成型）机等，其中液压机的字母代号是（　　）。

A. J　　B. Y　　C. Z

2. 通用锻压机械主参数为公称力的（单位为 kN），表示主参数的数值为公称力实际数值的（　　）。

A. 十倍　　B. 一倍　　C. 十分之一

3. 调整压力机的闭合高度时，应采用（　　）。

A. 连续行程　　B. 单次冲程　　C. 寸动冲程

4. 液压机一般采用油泵作为动力机构，一般是容积式油泵，低压（油压小于 2.5 MPa）用（　　）泵；中压（油压小于 6.3 MPa）用（　　）泵；高压（油压小于 32.0 MPa）用（　　）泵。

A. 柱塞　　B. 齿轮　　C. 叶片

四、名词解释

1. 冷冲压

2. 机械压力机

五、简答题

1. 简述机械压力机的工作原理。

2. 在机械压力机中为什么要设置飞轮？

3. 简述机械压力机使用时的注意事项。

4. 液压机与机械压力机相比有何特点？

5. 简述液压机的基本工作原理。

第二节 冷冲压模具的装配

一、填空题（将正确答案填写在横线上）

1. 根据工艺性质冷冲压模具可分为________模、________模、________模和成形模。

2. 根据工序组合方式冷冲压模具可分为__________模、________模和级进模。

3. 根据导向方式冷冲压模具可分为无导向冲模、________模、________模。

4. 导板模比无导向模的精度________，可达 IT ________级以上，寿命也较长，使用时安装较________，卸料可靠，操作较安全，轮廓尺寸也不大，适用于料厚 $t \geqslant 0.5$ mm 且形状不十分复杂的________型制件的批量冲压。

5. 导柱式落料模的上模和下模的正确位置利用________和________的导向来保证。

6. 拉深模分为________拉深模、________拉深模和变薄拉深模。

7. 冷冲模是一个完整的独立整体，它是由各种不同零部件组合而成的。按其功能可将这些零件分为________和________。

8. 工艺结构零件直接参与完成冲压过程，它包括________零件，________零件，压料、卸料及送料零件等。

9. 标准模架按导向形式的不同可分为________导向模架和________导向模架。

10. 凸模装配好后，应检查其与上模板的________，然后将固定板的上平面与凸模尾部一齐________；为了保证________刃口锋利和平齐（指冲裁模），应将凸模的工作端面磨平。

11. 检查模具间隙的方法有________、________、________、涂层法和镀铜法。

二、判断题（正确的打“√”，错误的打“×”）

1. 导板式单工序冲裁模的导板与凸模为过渡配合。（　　）

2. 采用级进模一般生产效率较高，便于实现生产的自动化，操作也比较方便，安全可靠，很适合制品零件的大批量生产。（　　）

3. 复合模加工制件的精度较高，且不受条料外形尺寸的精度限制，但是生产效率低。（　　）

4. 装配有模架的模具时，一般应先将模具工作零件装配好后，再装配模架和其他结构零件。（　　）

5. 装配过程中，不能用锤子直接敲打模具零件，而应用铜棒进行装拆。（　　）

三、选择题（将正确答案的代号填入括号内）

1. 在下列零件中不属于辅助结构零件的是（　　）零件。

A. 定位　　B. 导向　　C. 固定

2. 上模座的上平面与下模座的底面必须平行，一般要求在（　　）mm 长度上误差不大于 0.02 mm。

A. 50　　B. 300　　C. 1 000

3．模柄装入上模座后，其轴线对上模座上平面的垂直度误差，在全长范围内不大于（　　）mm。

A．0.05　　B．0.5　　C．2

四、名词解释

1．冷冲压模具

2．冲裁模

3．弯曲模

4．拉深模

5．级进模

6．复合模

五、简答题

1．无导向单工序落料模有何特点？

2．导柱式单工序落料模有何特点？

3．复合模与级进模有什么不同？它有何特点？

4．什么是模架？模架的作用是什么？

第三节　冷冲压模具的安装、调试与维修

一、填空题（将正确答案填写在横线上）

1. 冲裁模试冲时常见故障有进料________或料被卡死、刃口________、卸料不正常和冲件质量不好。

2. 弯曲模试冲时，如弯曲位置偏移，可采用的调整方法有调整__________位置、修磨________圆角、加大压料力和调整凸、凹模位置。

3. 手工操作时，压力机不允许采用________。必须保证________动作完成后，才能开始下一次工作行程或下一个工作循环。

4. 经常观察设备和模具的________，如有异常应及时处理，发生故障时应立即________。

5. 判断模具是否因磨损而失效的主要标准是制件的________，当制件的尺寸超出允许的公差范围时即宣告模具________。

6. 对间隙面进行修配，可借助黏土等辅助研配。在修配过程中一定要小心，开动压力机时尽量__________，必要时可用调整__________的方法研配，以避免刃口啃坏的现象发生。

二、判断题（正确的打“√”，错误的打“×”）

1. 搬运模具时要小心轻放，不允许乱扔乱摔。安装和拆卸大型模具时，应使用起吊设备，防止摔坏模具。　（　）

2. 安装模具的螺栓、螺母和压板应采用专用件。紧固用的螺栓的旋合长度应不大于螺栓直径的1.5~2倍。　（　）

3. 冲裁作业时可以叠片冲裁。　（　）

三、选择题（将正确答案的代号填入括号内）

1. 拉深模试冲时，如出现表面质量不好，可以采取的调整方法有清理工作表面、（　　）、修磨凸凹模。

A. 调整压边力　　B. 调整凸、凹模间隙　　C. 对凸、凹模进行抛光

2. 修理冷冲压模具刃口崩刃时，刃口间隙要合理，对于钢板冲压模，单边刃口间隙取板料厚度的（　　）。

A. 1/5　　B. 1/10　　C. 1/20

3. 制件在修边、冲孔和落料时易出现毛刺过大的现象，产生毛刺的原因主要为模具刃口间隙大和刃口间隙小两类。间隙小时，断面（　　），由于间隙小，其毛刺的特点为高而薄。

A. 光亮带很小　　B. 出现两光亮带　　C. 基本上看不见

4. 当冲压件产生屑料阻塞由于材质较软导致时，应采用的修理方法是（　　）。

A. 修改冲裁间隙　　B. 加大漏料孔间隙　　C. 刃修刃口

四、简答题

1．如何正确选择和使用冷冲压设备？

2．简述冷冲压模具在使用与维护时的安全文明生产要求。

3．冷冲压模具失效的基本形式有哪些？它们之间有何关系？

第九章　塑料成型模具的装配与调试

第一节　常用塑料成型设备

一、填空题（将正确答案填写在横线上）

1. 塑料成型模具根据其成型特点，主要可分为________、________、挤出模和中空吹塑模。

2. 压缩模的成型特点是将热固性塑料放在模具________内，在压力机上通过加热板对其加热、加压后使其软化________型腔，经保温、保压一定时间后，软化的塑料就________成与型腔相应形状的零件制品。

3. 塑料注射成型机从外形上一般可分为________塑料注射成型机、________塑料注射成型机、角式塑料注射成型机三种。

4. 液压式塑料注射成型机是由________驱动来提供机器锁模、射胶动作的能量。全电动塑料注射成型机则是由________来控制。

5. 塑料注射成型机是由________系统、________系统、液压系统和电气控制系统四大部分组成。

6. 塑料注射成型机开机前，应检查设备各________装置是否完好、工作灵敏可靠性。检查“________”是否有效可靠，安全门________是否灵活，开关时是否能够触动________。

二、判断题（正确的打“√”，错误的打“×”）

1. 卧式塑料注射成型机的优点是重心高，工作平稳，模具安装、操作及维修均较方便，模具开距小，占用空间高度小。（　　）

2. 注射系统是塑料注射成型机的主要部分，其作用是使塑料均匀地塑化并达到流动状态，在很高的压力和较低的速度下，通过螺杆或柱塞的推挤注射入模。（　　）

3. 塑料注射成型机开机前，应清理工作台及设备内外杂物，用干净棉纱擦拭注射导座及合模部分的拉杆。（　　）

4. 检查设备各控制开关、按钮、电器线路、操作手柄、手轮有无损坏或失灵现象。各开关、手柄应处于“开”的位置。（　　）

5. 非当班操作者，未经允许不准按动按钮、手柄，不许两人或两人以上同时操作一台塑料注射成型机。（　　）

三、选择题（将正确答案的代号填入括号内）

1. 各种规格截面的连续制品，如管材、棒材通常是使用（　　）制作生产的。

A. 注射模　　　　B. 压缩模　　　　C. 挤出模

2. 角式塑料注射成型机的注射装置和合模装置的轴线呈（　　）排列。

A. 一线　　　　B. 垂直　　　　C. V形

四、简答题

1. 什么是塑料成型模具？

2. 简述塑料注射成型机的工作原理。

3. 塑料挤出成形工艺过程是怎样的？

第二节　塑料成型模具的装配

一、填空题（将正确答案填写在横线上）

1. 塑料成型模具是型腔模具的一种，虽然成型的方式各有不同，但是从原理上都是使塑料经过________、流动、________三阶段成型为产品的。

2. 二板注射模开模时，动模后退，模具从________分开，塑料制件包紧在________上随动模部分一起向后移动而脱离定模板。同时，________系统凝料在拉料杆的作用下，和塑料制件一起向后移动。

3. 塑料模闭合后要求分型面________。在有些情况下，动模和定模上的型芯也要求在________后保持紧密接触。

4. 导柱、导套装配后，应保证动模板在________和合模时都能灵活滑动，无卡滞现象。因此，加工时除保证导柱、导套和模板等零件间的________要求外，还应保证动、定模板上导柱和导套安装孔的________一致。

二、判断题（正确的打"√"，错误的打"×"）

1. 带活动镶块注射模的优点是省去了斜导柱、滑块等结构，模具结构简单，生产效率较高。（　　）

2. 热流道注射模的缺点是模具成本高，浇注系统和控温系统要求高，对制件形状和塑料有一定的限制。（　　）

3. 对于压入式配合的型腔，其压入端一般都不允许有斜度；如果需要，压入斜度设在模板孔入口处。（　　）

4. 抽芯机构装配后，应保证滑块型芯与凸模达到所要求的配合间隙；滑块运动灵活，有足够的行程，有正确的起止位置。（　　）

5. 在模具闭合时楔紧块斜面必须和滑块斜面均匀接触，并保证有足够的锁紧力。为此，在装配时要求在模具闭合状态下，分模面之间应保留 1 mm 的间隙。（　　）

三、选择题（将正确答案的代号填入括号内）

1. 当塑件有侧孔或侧凸要求时，模具上设有活动的侧向型芯或半块（哈夫块），这些部件必须在塑件脱模时连同塑件一起移出模外，然后通过手工使它与塑件相分离。这样的模具称为（　　）。

A. 带活动镶块的注射模　B. 侧抽芯注射模　C. 自动卸螺纹注射模

2. 塑料成型模具总装调整后，其分型面处接合面积不得小于（　　），防止产生飞边。

A. 40%　B. 60%　C. 80%

3. 浇口套与定模板的配合一般采用 H7/m6。要求装配后浇口套与模板配合孔紧密、无缝隙，浇口套和模板孔的台肩应紧密贴合，浇口套要（　　）模板平面。

A. 低于　B. 高于　C. 平齐于

4. 推出机构装配时，推杆在固定板孔内每边留（　　）mm 的间隙。

A. 0.02 ~0.05　　B. 0.05 ~0.1　　C. 0.5

四、名词解释

1. 注射模

2. 侧抽芯注射模

3. 热流道注射模

五、简答题

1. 塑料注射成型工艺有何特点？

2. 双分型面注射模与单分型面注射模相比有何特点？

3．抽芯机构按功能划分可分为哪些组件？

4．带活动镶块注射模与侧抽芯注射模相比有何特点？

5．注射模通常可以分成几个部分？

6．型芯在固定板上的固定方式常见的有哪几种？

7. 简述塑料模一般的总装顺序。

第三节 塑料成型模具的安装、调试与维修

一、填空题（将正确答案填写在横线上）

1. 模具在注射机上的安装与调试包括________、吊装与紧固、顶出距离的调节、合模松紧程度的调节、模具配套部分的安装、________等。

2. 模具长度与宽度方向尺寸相差较大时，使较长边与水平方向________，可以有效地________导柱拉杆在开模时的负载，并使因模具质量而造成的导向件弹性变形控制在________内。

3. 对于型腔表面有特殊要求的，如表面粗糙度 Ra 值≤0.2 μm 的光亮镜面表面，绝不能______________，应用压缩空气吹拂，或用高级餐巾纸和高级脱脂棉蘸酒精轻轻擦抹，同时，型腔表面要__________进行清洗，清洗时可采用醇类或酮类制剂，擦洗后要及时__________。

4. 镶块一般是以__________的方式镶入模体内，但模具长期使用后，接合缝易产生__________与松动，使制品产生飞边，致使脱模困难。应更换镶块，重新__________，可以达到原来的尺寸。但应注意镶件材质与塑料模具基体一致或线膨胀系数接近。

二、判断题（正确的打“√”，错误的打“×”）

1. 模具带有液压油路接头、气动接头、热流道元件接线板时，尽可能放置在操作面侧面，以方便操作。 （ ）

2. 注塑机试模时，在开始注射时，原则上选择在高压、高温和较长的时间条件下成型。 （ ）

3. 对黏度高和热稳定性差的塑料，采用较慢的螺杆转速和略低的背压加料及预塑。 （ ）

4. 在每一个生产周期结束后，都应对加热器、冷却水道进行检测，使其处于完好状态下工作，并对抽芯机构进行检查与调整。 （ ）

三、选择题（将正确答案的代号填入括号内）

1. 模具整体安装时，当模具定位圈装入注射机上定模板的定位圈座后，可以（　　）的速度合模，由动模板将模具轻轻压紧，然后装上压板。

A. 极快　　　　B. 极慢　　　　C. 中等

2. 模具紧固后，慢速开启模具，达到模座行程时，动模板停止后退，调节注射机顶杆顶出距离，使模具上推杆固定板和（　　）之间的间隙不小于 5 mm，既能顶出塑件，又能防止损坏模具。

A. 动模板支承板　　　　B. 定模座板　　　　C. 定模

3. 注射成型时可选用高速和低速两种工艺。一般在制件壁薄而面积大时，采用（　　）速注射，而壁厚、面积小的塑件采用（　　）速注射，在高速和低速都能充满型腔的情况下，除玻璃纤维增强塑料外，均宜采用（　　）速注射。

A. 高　　　　B. 低

四、简答题

1. 模具装配完成后，在交付生产前进行试模的目的是什么？

2. 试模的过程包括哪些阶段？

3．型腔表面磨损后如何进行修复？

4．简述塑料模具咬伤的修复方法。